我的零花钱

理财真好玩

乐凡　唯智 著　段张取艺 绘

电子工业出版社·

Publishing House of Electronics Industry

北京·BEIJING

　　大眼猴班里来了一位新同学——花花驴。花花驴最大的喜好就是花钱买东西。她特别得意地跟大眼猴炫耀道："我有三个文具盒，一个是樱桃公主图案的，一个是雪精灵图案的，还有一个是星星仙子图案的！"

　　接着，她又转过头对粉粉猪说："你看，我头上有四个漂亮的发夹，每个的颜色和款式都不同哦！"

粉粉猪还没来得及数清花花驴头上的发夹，花花驴又把书包打开，倒出了一大堆零食。小动物们全都围了过来，羡慕地看着花花驴的零食，个个馋得直流口水。

这还没完，花花驴又举起自己的左手，神气十足地说："你们看，这是最最最新款的电话手表哦，有好多新功能呢！"

"哇——"小动物们看着这位新来的同学，惊讶得张大了嘴巴，他们觉得花花驴简直太酷了！

大眼猴好奇地问："花花驴，你怎么能买这么多东西啊？"

花花驴特别骄傲地说："这些都是我奶奶给我买的，谁叫我是奶奶的心肝宝贝儿呢！"

大眼猴有些不解，说："我也是我奶奶的心肝宝贝儿，可我每次想让她给我多买点儿零食，她就是不答应。"

花花驴双手叉腰，说："我有绝招！每次我想买东西的时候，就会缠着奶奶。她要是不肯，我就哇哇大哭；她要是还不答应，我就在地上打滚儿，赖在地上不起来。奶奶没办法，每次都会投降，就给我买啦。这两招很管用，不信你们也试试！"

7

小动物们都揣着花花驴的主意回家了。

粉粉猪哇哇地哭闹，缠着妈妈要买公主裙。

大眼猴满地打滚儿，缠着
奶奶要买酷甲超人的卡牌。

9

刺儿头坐在地上哭喊，要爸爸给他买无敌金刚玩具。

喔喔鸡趴在地上，撅着屁股要赖，让妈妈给他买漫画书。

11

动物城这下可乱套了。家长们面对满地打滚儿的孩子，烦得不得了。

在动物城的中心广场上，聚到一起的家长纷纷数落着自家孩子。正当他们一筹莫展的时候，有一位神秘人士到访动物城。

　　"大家好，我是金钱豹，你们可以叫我理财先生。"新来的神秘人士彬彬有礼地自我介绍道。

　　"理财先生？"大家好奇地看着身材魁梧的金钱豹。

　　"是的，我无意中听到你们的聊天，我想我应该有办法帮你们对付这些满地打滚儿的孩子。"金钱豹神秘地微笑着说。

　　"真的吗？理财先生，那麻烦您快告诉我们！"家长们都急不可耐地想要听听金钱豹的好办法。

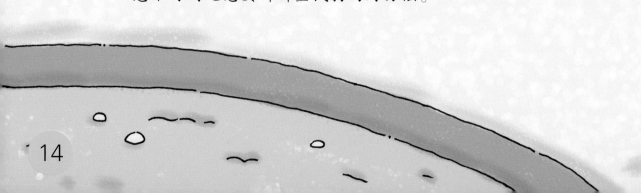

金钱豹不紧不慢地回答："这个办法就是给孩子零花钱。"

"零花钱？"

"是的，就是孩子可以自己支配的钱。"金钱豹说，"家长可以每周或者每月给自己的孩子一定数量的零花钱，由孩子自己去买喜欢的东西。"

"是啊，孩子们渐渐长大，想要的东西越来越多，与其老缠着让我们给买，还不如让他们学学如何管钱。"大眼猴的奶奶说。

"可是，理财先生，我们该给多少钱才合适呢？"粉粉猪的妈妈问。

"这个嘛，可以根据你们每个家庭的收入、承受能力以及你们自己的意愿来决定。"金钱豹回答道，"毕竟这是你们赚的钱。"

"不过，我想无论多少，孩子们都会很高兴能得到自己可以支配的钱。"金钱豹补充道。

"对，零花钱就算是我们给孩子的'礼物'！"刺儿头的爸爸说。

"这份礼物可不要白给哦！"金钱豹笑着说，"你们可以让孩子付出一些劳动来换得他们的零花钱，这样他们才能明白金钱来之不易。"

　　动物城的家长们听了理财先生的建议，纷纷回家跟孩子商量零花钱的事情。

　　粉粉猪的妈妈说："粉粉猪，从明天开始，你要自己定闹钟早起，每天晚上做完作业按时睡觉，做好时间管理。如果你能好好坚持，妈妈每周给你 7 元零花钱，这些零花钱由你决定怎么花。你可以先把钱攒着，等攒够了去买公主裙。不过，要是你还是赖床，或者拖拖拉拉到很晚才睡，那么零花钱就会被扣掉哦。"

"真的吗，妈妈？我这就去定闹钟，明天早起！"粉粉猪高兴得手舞足蹈，想象着自己穿上公主裙的样子。

　　大眼猴的奶奶说："大眼猴，你是家里的一员，应该帮家里做些力所能及的事情。如果你表现得好，奶奶每周会给你 10 元零花钱，你可以去买自己喜欢的东西。"

　　"遵命，奶奶！"

　　大眼猴心想：刷碗、扫地、倒垃圾、收衣服……可干的家务还真不少呢！

　　刺儿头的爸爸说："刺儿头，爸爸每周末都开车带你去郊游，回来后车子就变得脏兮兮的。如果你每周和爸爸一起洗车并打扫车库，爸爸每周会给你8元零花钱。比起在地上打滚儿跟爸爸要钱买东西，凭自己的劳动换得零花钱，去买自己想要的东西，应该更有意思吧？"

　　刺儿头脸红了。他点点头，觉得爸爸说得很对。

　　喔喔鸡的妈妈说："喔喔鸡，你能每个月整理一下你的旧玩具、旧衣服和旧书，挑选不再需要的拿到跳蚤市场上去卖吗？这样得到的钱可以当作你的零花钱，由你自己支配。"

"太好了，妈妈！"喔喔鸡兴奋地说，"我要把这些钱攒下来，买我最爱看的科学漫画书！"

小动物们都开始行动起来，通过自己的方式获得零花钱。粉粉猪每天努力坚持早起，虽然有时候还是忍不住想赖床，但她对自己的时间管理比以前强多了。大眼猴积极地做家务，虽然有一次毛手毛脚地打破了杯子，但他还是帮了奶奶不少忙。

刺儿头每周和爸爸妈妈郊游回来，都跟爸爸一起洗车、打扫车库，虽然弄得浑身是水，但他发现自己喜欢上了干这个活儿。喔喔鸡每个月都会整理一次自己的旧物品，把用不到的东西拿到跳蚤市场上去卖，他发现自己的房间不再像个杂物堆了。

动物城的家长们总算松了口气，不用再对付满地打滚儿的孩子了。他们都给孩子买了存钱罐，用来装零花钱。

小动物们把自己的零花钱放到存钱罐里，别提多有成就感啦！

一天，花花驴又开始向小动物们显摆她的卷笔刀了。可是这回谁也不羡慕她了，因为大家都有了自己的零花钱，并且不是靠打滚儿要到的，而是通过自己的努力换来的。

图书在版编目（CIP）数据

理财真好玩. 我的零花钱 / 乐凡，唯智著；段张取艺绘. --北京：电子工业出版社，2020.11

ISBN 978-7-121-39720-2

Ⅰ. ①理… Ⅱ. ①乐… ②唯… ③段… Ⅲ. ①财务管理－少儿读物 Ⅳ. ①TS976.15-49

中国版本图书馆CIP数据核字（2020）第189272号

责任编辑：王　丹　文字编辑：冯曙琼
印　　刷：北京缤索印刷有限公司
装　　订：北京缤索印刷有限公司
出版发行：电子工业出版社
　　　　　北京市海淀区万寿路173信箱　邮编：100036
开　　本：889×1194　1/24　印张：8.25　字数：126.1千字
版　　次：2020年11月第1版
印　　次：2024年9月第5次印刷
定　　价：99.00元（全6册）

凡所购买电子工业出版社图书有缺损问题，请向购买书店调换。若书店售缺，请与本社发行部联系，联系及邮购电话：（010）88254888，88258888。
质量投诉请发邮件至zlts@phei.com.cn，盗版侵权举报请发邮件至dbqq@phei.com.cn。
本书咨询联系方式：（010）88254161转1823。